Entrez par ici

Le secret de beauté des Parisiennes

巴黎漂亮女生的秘密

Editions de Pairs 编著   陈菁 译

Quelque soit son âge, la parisienne est svelte, coquette et élégante. Femme, préoccupée par sa beauté, elle possède son propre style. Quel est sa nourriture, son style de beauté, sa vie au quotidien? Quel est le secret des parisiennes, voulez-vous le savoir? Couturiers Paul et Joe, Sophie Al... et le chaussurier Alexandra entre autres nous enseignent leur secret. Le magazine "Jalouse" regroupe les parisiennes en 10 groupes à partir des lycéennes. Dans son dernier livre, elle nous guide vers des graphistes propriétaires de boutiques parisiennes exclusives.

　　无论年龄大小，巴黎女人一律都是窈窕、娇媚而时尚的。作为女性，她们执拗地追求一生的美丽，确立了自己独特的美的风格。这正是我们所向往的。她们到底在吃些什么？她们怎么美容？她们怎样生活？她们保持美丽的秘诀是什么？您不想一探究竟吗？本书中介绍的10个巴黎女人既有Paul&Joe的设计师索菲·阿尔布、鞋子设计师亚历山德拉·内尔等优雅女士，还有潮流杂志Jalouse的美术设计师、精品店店主、高中生等。我们要将她们的美丽秘诀大公开！在本书的最后，还附有她们经常光顾的巴黎美容场所的指南。一书在手，让我们开始领略巴黎女人美丽的精髓吧！

Sommaire

Spécial!
特别奉送

最重要的是健康的生活，这才是美丽的秘诀

L'important est d'avoir
une bonne hygiène de vie.

01

Nom:

Sophie Albou

索菲·阿尔布

Age:

41

Profession:

Paul&Joe 设计师

Paul&Joe浪漫又复古的风格受到了全世界女性的追捧，该品牌自有的彩妆产品也颇受好评。身兼创业者和设计师两个身份的索菲，每天作为创业者、创意设计师以及两个孩子的母亲，忙忙碌碌，极其活跃。"我每天早上在家里锻炼，此外每周还要去上三次拳击课和游泳课。"她运动的自觉性令人吃惊。索菲说："想要保持美丽，运动比什么都有效。还有就是要补充足够的水分，保证充足的睡眠。只有健康的生活才是最重要的。"她年轻的秘诀就在于充满活力的生活方式。

Mes
favoris

我的最爱

左上：Paul&Joe Beauté 的彩妆品。由左到右分别是在日本大卖的粉底液N、指甲油、散粉。右上：Clé de Peau的晚霜，是索菲在冬季干燥期最爱用的晚霜。下：Paul&Joe Beauté 的美白精华——透白深效精华素。索菲从这个产品的研发阶段就介入了，不只是外包装的设计，而是全程参与，所以她平时很爱用这个产品。

Mes cosmétiques
Mes cosmétiques

我的护肤品大集合

1.卫浴间里集中展示着她常用的护肤品。2.Santa Maria Novella的玫瑰水。"它是纯天然的、味道很好闻，商标的设计也很漂亮，我很喜欢。"3. Santa Maria Novella的沐浴精油。4.前面三个瓶子是她喜欢用的香水——Le Labo、Juliette Has a Gun和Dior Homme。"哪瓶香水我都很喜欢，所以每天我都是三种混在一起用。"

Les soins quotidiens

Mes soins sont simples mais de qualité

日常护肤

早间护肤品大集合

晚间护肤品大集合

　　索菲每天早晚都用Bioderma的洁肤水清洁肌肤，然后根据肌肤的状况和季节变化，使用几种不同的爽肤水和面霜。经常用的有La Prairie的鱼子精华面霜和Clé de Peau。她偶尔也会用需要皮肤科开具处方的药用面霜和爽肤水。作为巴黎女人流行的护肤方式，每天洗脸，用化妆棉擦拭是基本程序。因为敏感干燥的肌肤对硬质水很不适应，因此索菲每周用Guerlain的轻柔磨砂膏做一次脸部去角质。

早晨的护理在用Bioderma Sensibio H2O洁面后，分别使用De la Mer的滋润乳液、Paul&Joe的修护精华油或Flavo-C的精华液。晚上用Bioderma洁面后，只用面霜做简单护理。现在索菲喜欢用的是De la Mer的面霜，根据皮肤科处方选用的Neo Strata的HQ面霜，或者是Flavo-C。

Le sport est la base de ma beauté

Le sport est la base de ma beauté

运动是美容的根本

索菲家里有一间运动器械室，她每天早上一定要在这儿锻炼1个小时。运动不仅可以使人保持良好的新陈代谢、调整肌肤状况，对于保持优美的体形也是必不可少的。每周Hotel Costes的健身教练还要到家里来专门为她上课。在如此高涨的运动热情背后，索菲真正喜欢的是运动时候的"放空"状态。对她来说，这有助于消除疲劳。这样做运动，纯粹是为了使自己彻底放松。只有平日非常繁忙的索菲，才会心怀这样的动机。

左页：每天在跑步机上至少跑30分钟，同时听着自己喜欢的音乐。右页：两腿绑上5公斤的沙袋，在垫子上锻炼。"虽然锻炼的时候非常吃力，但对于塑造下半身体形非常有效哦。"这是索菲最近练得最卖力的项目。她之所以能保持一双美腿，随意穿着年轻时尚的修长版型牛仔裤，秘诀就在于此。

Lire sur ma terrace, quel bonheur

Dans ma chambre

Tous ceux que j'aime sont dans ma chambre

卧室里……

1.索菲非常喜欢的主题——蝴蝶，常出现在她的设计中，这个房间里也有蝴蝶形状的灯具。2.浪漫的卧室。3."我很难抗拒动物形状的小东西。"柜上摆的是她在日本买的摆件。4.床上摆的也是奈良美智设计的玩偶。5.卧室的一角还有很多玩偶。

　　索菲和两个儿子保尔、若阿一起生活在这栋房子里。在健身房的窗外，有一个大大的阳台。"假期里，我在这儿喝喝茶、看看书，时间就过去了。""早上起床后我先在床上查收电子邮件。因为和国外的联系比较多，由于时差关系，有些邮件必须马上回复。"所以，索菲的卧室就是一个偶尔会变成临时办公室的私人空间。花朵图案的印花布再加上玩偶——她喜欢的东西全部都集结在这里了。身边环绕的都是自己喜欢的东西，就这样度过重要的时光，下一个灵感由此而生。

Programme hebdomadaire pour les soins de beauté

Programme hebdomadaire pour les soins de beauté

一周美容日程

L'agenda de Sophie

Lundi (周一)
早晨做器械锻炼，每3个月去一次（下班后）Joëlle Ciocco沙龙。

Mardi (周二)
傍晚到Hotel Costes上拳击课，然后去沙龙做按摩，回家后选一款自己喜欢的沐浴精油轻松沐浴。

Mercredi (周三)
早晨做器械锻炼，下班后和朋友们一起去非常喜欢的日本餐馆吃饭——新鲜的寿司是我的大爱。

Jeudi (周四)
傍晚去Hotel Costes地下的游泳池参加水中有氧课程，然后去沙龙做按摩，回家后选一款自己喜欢的沐浴精油轻松沐浴。

Vendredi (周五)
早晨做器械锻炼，Hotel Costes的教练到家里来，给我做健身方面的相关指导。

Samedi (周六)
与孩子们待在巴比桑的酒店里。沐浴过午后充足的阳光，晚上再用Paul&Joe的美白精华做护理。

Dimanche (周日)
早上在森林里漫步1小时，然后在酒店的健身房里锻炼和放松，晚上返回巴黎。

01
索菲·阿布尔

Le secret de beauté des Parisiennes

Mes produits indispensables

Mes produits indispensables

我的必备单品

右：索菲爱用的爱马仕Berkin包上也挂着可爱的护身符。"这是我在圣日耳曼的精品童装店里发现的。"可爱的小东西是她一直放在身边做装饰的必备品。下：每天随身携带的化妆包。眼影是Paul&Joe和Bobbi Brown的，眼线笔和口红是Paul&Joe的，睫毛膏则带了多支，有Helena Rubinstein、Bourgeois和Paul&Joe的。

索菲的彩妆风格基调非常自然。只是用YSL的笔式遮瑕膏，再加上Paul&Joe的粉底。无论是工作还是参加聚会，一般都不会有特别大的改变。这种简单彩妆的重点就是眼部的妆。"我非常喜欢睫毛膏！我会尝试很多不同的品牌。"黑色的眼线和睫毛膏修饰了眼形，而黑色的眼影则更加突出了眼睛。这是她偏爱的20世纪70年代风格的经典妆容。索菲给人的印象如少女般天真又略带顽皮，兼具成熟魅力。这种风格的彩妆也很符合她的气质。

Voici mon appartement

Voici mon appartement...

将雅致、时尚和可爱的
感觉混搭在一起！这就是索菲的
室内装饰风格

铺着地板的宽敞的客厅中央，摆放着浅灰色的皮革沙发。墙上挂着的现代艺术照片、满室的古典家具以及可爱的玩偶……在雅致而时尚的色彩搭配中，索菲喜爱的各种单品和谐地混搭在一起。这种极具个性又充满流行元素的室内装饰风格令人印象深刻。

Le secret de beauté des Parisiennes

左页：门厅。出乎意料的是，金属壁纸与奥斯曼时期的古典建筑风格搭配在一起非常协调。右页上：在餐厅一角展示的艺术收藏品。房间里到处都摆放着香薰蜡烛，主人可以随时享受它的香气。右页下：客厅壁炉周边，贴着迈克·贾格(Mick Jagger)大幅照片的摇滚风格一角。虽然各种风格混搭在一起，但是索菲能让它们给人别致而统一的感觉。窗边是一架名牌钢琴。

Le secret de beauté des Parisiennes

左页上：餐厅，用日本的和服材料拼接而成的挂毯装饰墙壁。左页下：在健身室与阳台连接处的窗边放着很多动物玩偶，这是索菲搜集的现代艺术品。右页上：客厅中央的矮桌是用贴上皮革的混凝土块做成的。正中央摆放着一个玻璃的天鹅摆件。在这个房间里，索菲有时会招待国外的朋友，有时举办大型的聚会。右页下：客厅一角放着一台古董收音机。

"爱"是最好的化妆品

Le secret d'être heureuse et belle.

Nom:
Carole Emsen　　　卡罗尔·埃姆森

Age: **26**　　　Profession: French Trotters 精品店店主

　　卡罗尔与在大学摄影系邂逅的男朋友一起在巴士底附近创办了一家精品店，每天过着忙碌的生活。她看上去如瓷娃娃般白皙可爱。"似乎法国人都很喜欢晒太阳，我却相反。因为我的皮肤非常敏感，所以暴露在太阳下时，必须做好防晒。皮肤护理产品我也是常年使用

适合自己的品牌。"她有很多衣服都是一件式的，颇具单身女性风格。"既女性化又浪漫，还稍带一点性感，这就是我的风格。每天早上化妆时，最后涂上黑色的眼影，我立马觉得这是我的'杰作'。"

Mes favoris
我的最爱

她身边的东西都很可爱！右上角的化妆包她一直带在身边，是巴黎9区一家名叫Bertrand的商店的原创设计。这家店主要经营室内装饰品和一些小物品。"镜子和明信片，这些小东西都很浪漫，又很漂亮。是我一点点收集来的。"中间的指甲油和指甲锉都是在她很喜欢的一个品牌——Paul&Joe的店里买的。右下角鸭子造型的肥皂是Le Compagnie de Provence的。"因为它太可爱了，我舍不得用，所以现在作为装饰品摆着。"

Les soins quotidiens

Les soins quotidiens

日常护肤

早晚护肤必备品

彩妆参考资料

Ouvrage de référence pour maquillage

卡罗尔的日常皮肤护理和大多数巴黎女人一样，非常简单。"早晨起床后我先把La Roche Posay的L' Eau Thermal喷到化妆棉上，然后再用Bioderma的Solution Minéral洗去睡觉时附着在皮肤上的污垢。擦上Roc的保湿面霜后，接下来再化妆。我用的化妆品如果不是药用彩妆，皮肤就会发炎。"卡罗尔参考的是活跃于20世纪70年代的时尚摄影师盖·伯丁（Guy Bourdin）的摄影集里的女性的化妆方法。护理头发她也严格选用刺激较小的产品。"我最近比较喜欢来自希腊的有机品牌Korres，它的产品有自然的香气。"

1.护肤品早晚都用一样的。2.面霜里过于丰富的营养成分会浮在皮肤表面难以吸收，所以她一直坚持简单的护肤方式。La Roche Posay的L' Eau Thermal是白天补水的法宝。2.Korres洗发水和沐浴啫喱的香型也是多种多样的。3. 盖·伯丁的摄影集，性感而极具挑逗意味的风格而风靡一时。"我很喜欢他的作品，但这是作为化妆参考用的。"

Mon chéri Clarent et notre appertement

Mon chéri Clarent et notre apparetement

爱的伴侣和我们的家

卡罗尔在19区的公寓里和爱人克拉朗一起生活。俩人从大学时代开始交往，去年年底终成眷属，他们恋爱的温度和以前一样。"无论工作时间还是私人时间，我们几乎24小时在一起，但这对我们来说是很平常的事情。他对时尚和彩妆的看法很独到；我们最大的爱好也很相似。为了他，我要一直保持时尚和美丽。"家里的装饰品也是他俩共同的爱好——艺术书籍和照片。在房子附近绿意盈盈的Buttes-Chaumont公园里漫步是他们节假日里的固定节目。

1.客厅里，美术书籍与摄影集摆放得极富艺术感。墙上的照片是克拉朗在菲律宾拍摄的。2.收集太阳镜是卡罗尔的爱好之一。为了遮挡阳光，这是外出时必不可少的。3.在爱马仕的帽箱上展示着卡罗尔钟爱的化妆品，物品摆放得别具匠心。4.高跟鞋是卡罗尔的最爱。"我的鞋子有很多是Gaspard Yurkievich等较前卫的品牌的。每一季，我的鞋子都会以令人恐怖的势头增加。"（笑）5. Ladurée的沙龙也是她很喜欢的地方。彩色的杏仁饼干是下午茶时间最好的伙伴。

Programme hebdomadaire pour les soins de beauté

Programme hebdomadaire pour les soins de beauté

一周美容日程

L'agenda de Carole

Dimanche~Lundi（周日～周一）

周日店里休息，所以是放松时间。早晨悠闲地起床，吃一顿以水果和谷物为主的早饭，晚上和丈夫、朋友一起去喜欢的餐馆吃饭。在周一下午开店前，有时去按摩沙龙La Villa Minceur，有时去Bon Marché商场的化妆品卖场转转。

- -

Mardi~Samedi（周二～周六）

因为是店里的营业时间，所以基本上都在接待客人。要与设计师见面时，就去玛黑区的日本餐馆Marché des Enfants Rouge。每个月去药房两三次，补买日常用的护肤品。在特别累的时候，回家后做一做舒缓身体伸展操消除一下疲劳。

Mes produits indispensables

Mes produits indispensables

我的必备单品

1.手掌大小的香氛皂。它是诞生于马赛的肥皂品牌，时尚的外包装颇受欢迎。2. Ducray Nutricerat系列护发素。它能为干燥和受损伤的头发提供营养和保湿。是药用品牌。3.和图1同属一个品牌的玫瑰洗发水。4.化妆品以NARS和Paul&Joe为主。

　　回家以后想放松一下，就用Le Compagnie de Provence的玫瑰香型的洗发水和肥皂。"因为这个品牌的肥皂是从橄榄中提取的有效成分，所以使用起来感觉很温和。用洗发水洗完头发后，再抹上Ducray的护发素，第二天早上头发会变得很光亮。"有时间的话卡罗尔还会去健身俱乐部锻炼，或者去常去的按摩沙龙放松放松。"当然，去Bon Marché商场巡视一番，看有没有新上市的化妆品，也能消除疲劳。"

追求天然与精神之美

A la recherche de la beauté et du bien-être.

03

Nom: Caroline Wachsmuth　　卡罗琳·瓦舍米特

Age: 36　　**Profession:** 有机护肤品牌 Doux Me 的经营者

　　卡罗琳做过美容杂志编辑、芳香治疗师，后来创立了100%纯天然的有机护肤品品牌"Doux Me"。"我出生在瑞士，在医生父亲和崇尚自然的母亲身边长大。受母亲的影响，小时候我周围就都是Weleda和Dr. Hauschka这些有机产品。"最初她只是在自家浴室里配制独特的护肤品，分送给朋友们，后经口口相传，她的品牌知名度慢慢扩展开了。"我觉得美容不仅仅局限于外在美，还与是否能够保持良好的心态愉快地生活有关。这可是贯穿人一生的大事情！"作为美的执著追求者，卡罗琳今后会沿着这条路一直走下去。

Mes favoris

我的最爱

左边是卡罗琳爱用的香水。"这个在百货商店里也能买到，是纽约品牌Le Labo的香水。这个品牌还可以根据自己的喜好订制。"右边是Doux Me的护手霜，其中99%以上的原料都是天然的。"我放在包里随身携带，它是我对自己的品牌极有自信的产品之一。"

La recette spéciale de l'huile de massage

即使到现在，家还是卡罗琳的实验室。她特
制的一款按摩精油的配方是这样的：杏仁精
油40毫升，再加入玫瑰麝香、迷迭香、薰
衣草、柠檬精油共20滴，混合在一起，它
对改善血液循环非常有效。

Le secret de beauté des Parisiennes

Les soins quotidiens

Que des produits 100 % naturels et doux

日常护肤

早间护肤品 　　　　　晚间护肤品

1. 从左到右分别是：Doux Me的洁面乳、Brume Lactée、Soin visage équilibre、玫瑰水喷雾和眼霜。2. 从左到右分别是：眼霜、卡罗琳面霜、玫瑰卸妆乳、玫瑰水喷雾。3.每周用兼具面膜和去角质功效的Rose Brush做一次皮肤深层清洁。4.必备精油集合。根据自己的身体状况和心情，可以专门调制自己专用的按摩精油。基础油卡罗琳喜欢用杏仁精油。

周末特殊护理

有机护肤品牌Doux Me本来就是卡罗琳结合自己的皮肤状况和喜好研制的，所以她平时用的护肤品全都是这个品牌的。"我二十几岁时住在南非的约翰内斯堡，在一家美容健康杂志做编辑。我学习了很多有关护肤品的知识，当时就有一种强烈的愿望，非常想亲手制作纯天然的、令人愉悦的护肤品。"就这样，多次失败的尝试之后，诞生了现在的Doux Me。它所有产品的配方90%以上都是纯植物的，至于效果，卡罗琳自己就是最好的证明。"职业女性可以轻松、愉快地持续使用这些护肤品，因为它们和食物一样健康、'美味'。"

Bio attitude

Bio attitude

有机生活的态度

爱用的沐浴产品

Patyka 的沐浴用品

1.左边的是Cattier的Gynea soin douceur，连洗发水卡罗琳也喜欢用有机品牌Melvita的(右)。2."我不吃任何化学药品。身体不舒服时，我就吃一些顺势疗法片剂和花精疗法的植物性药品。"3.从小时候就用的Kneipp的浴盐。4.法国的有机化妆品品牌Patyka的沐浴用品集合。从左到右分别是：身体磨砂膏、按摩精油、沐浴啫喱。使用过这些产品后，会有恢复元气的感觉。

"沐浴产品我都是到常去的有机品超市购买。对于自己喜欢的品牌，我很乐于尝试它的各类产品。洗发水我就喜欢Melvita的。"享受着各种香氛，还能兼顾研究，这还真是一石二鸟的沐浴时光啊！"每周请做芳香治疗师的朋友到我家里来一次，为我做全身按摩。"此外，卡罗琳的常备药也都是遵循自然疗法的东西。"虽然我父亲是西医专家，但是我母亲和我却是和他截然对立的。（笑）我真的不赞同某些人稍有点头痛就立刻吃阿司匹林的做法。因为我认为摄入体内的东西，应该尽可能是纯天然的。"

Pour le bien-être
La beauté totale

身心俱美

瑜伽

卡罗琳每天练习瑜伽，"Iyengar瑜伽和Ashtanga瑜伽分属动与静两个完全不同的流派，我按照自己的方式将这两种瑜伽重新组合后练习。"这是她经常练习的三个动作。卡罗琳练习瑜伽不仅为了舒展身体和瘦身，也是为保持身体内在的美丽和健康而进行的心灵课程。

香与能量石

"我每天一定要练习瑜伽。自从练瑜伽，我就能摆脱日常生活中的所有烦恼。与其说是为了保持美丽、现在的我更觉得，要更好地生活，瑜伽是必不可缺的一部分。"她的房间里放着香和能量石，营造出一种宗教氛围。

对卡罗琳来说，美是她生活的动力。而美又与幸福感的自我实现深深地联系在一起。"为了美丽，就要好好睡觉，吃对身体有益的东西。说到饮食，我是个伪素食主义者（因为我偶尔吃鱼），只吃有机食品。总之，我过着健康的生活，身边有一群体贴、诚实的好朋友。这是很重要的。"卡罗琳是一个既重视内心又脚踏实地的成熟女性。在她的房子里，随处都能感受到既充满女性色彩，又兼具冥想和知性的氛围。她在客厅中心布置出一方祭坛似的空间，那里摆满了能量石。卡罗琳天天在它旁边集中意念做瑜伽必修课，同时也在养精蓄锐。

Ma vie parisienne

Ma vie parisienne

我的巴黎生活

卡罗琳瑜伽以外的生活是怎样的呢？"我每天骑自行车去办公室，从不搭地铁，而且周末还要徒步走。要说理想的话，我希望每个周末都能在巴黎郊外度过。因为我在瑞士长大，曾经住在南非和美国，我非常渴望大自然。如果在巴黎近郊小住的话，我就待在凡尔赛，要是休长假，我就想住在科西嘉岛。如果这些都难以实现，我要么就沿着塞纳河走走，要么就去瑜伽教室。"卡罗琳的房子以白色为基调，非常简约。因为她想要一种平静而自然的生活，所以房子一直都收拾得很整洁。

1.洒满阳光的窗边餐桌上，摆放着盆栽和插花，让人感觉身处大自然。卡罗琳经常选用白色的花来搭配这所公寓古典建筑的色调。2.床边放着与印度有关的书和卡片。基础精油也放在触手可及的地方。3.放在客厅地板书堆上的镜子。卡罗琳喜欢简洁美观的室内装饰。

Un moment de relaxation

二楼夹层里的私人卧室，香薰灯正加热着
芳香精油和香料，置身于喜爱的香气中，
随意翻翻书，或是和好朋友通个电话，轻
松惬意的时光就这样缓缓走过……

Le secret de beauté des Parisiennes

Mes produits indispensables

Mes produits indispensables

我的必备单品

上：一直放在化妆包里的化妆品只有Dr. Hauschka的古铜粉。Doux Me的润唇膏、有机彩妆品牌Couleur Caramel的眼线笔。下：卡罗琳每天喝大量的矿物质水和茶。"我很喜欢日本的煎茶。"

L'agenda de Caroline

Lundi〔周一〕
晨起后做瑜伽。下午与人会面结束后，去 Bon Marché 商场逛一逛化妆品专柜。

Mardi〔周二〕
晨起后做瑜伽。骑自行车到办公室，下班后顺便去BioMoi，购买有机蔬菜和食材。

Mercredi〔周三〕
晨起后做瑜伽。晚上，芳香治疗师朋友到家里来为我做全身按摩。被令人愉悦的香气包围着，做完按摩后就这样沉沉睡去真是太幸福了！

Jeudi〔周四〕
晨起后做瑜伽。晚上和朋友们一起去最近比较喜欢的玛黑区的Usagi咖啡馆吃饭。回家后，用在有机商店里新买的沐浴精油泡澡。

Vendredi〔周五〕
晨起后做瑜伽。晚上去Waou Gym享受土耳其浴。

Samedi〔周六〕
待在朋友位于巴黎郊外的房子里，被大自然包围，身心彻底放松。晚上洗完澡后，用Doux Me去角质的Rose Blanche做毛孔护理。

Dimanche〔周日〕
早上沿塞纳河漫步，然后做瑜伽。晚上用一直很喜欢用的Kneipp的浴盐泡澡。为了迎接第二天繁忙的工作，晚上早早入睡。

卡罗琳的外表令人印象深刻，能让人明确感受到她清新自然的化妆理念。"我化妆非常简单。从18岁开始，我一直就是用眼线笔画眼线，用刷子刷腮红，仅此而已！无论何时何地，我都没改变过这种风格。"她喜欢用Doux Me的喷雾式化妆水。"只需往妆容上一喷，精华成分就能渗透进去，令人精神焕发。我向忙于工作和抚养孩子的女性隆重推荐这个产品。"

纯素食的 100% 有机生活

La vie 100% BIO
d'une végétarienne.

04

Nom:

Laëtitia Olivaud　　莱蒂西亚·奥利沃

Age:　　　　　　Profession:

35　　　　　　彩妆师

职业彩妆师莱蒂西亚的工作以电影和各种盛大庆典为主，她是个严格的素食主义者。"我和同住的姐姐一起用有机食材做饭。从今年开始，我们的生活又有所改变，我们不再食用任何含麸质的食品。这样一来我们没有了过敏症状，身体很舒服。"坚持素食主义的莱蒂西亚喜欢用的护肤品自然也是以有机品牌为主。

她如此彻底地崇尚健康的观念，可能很大程度上来自母亲给她的影响。莱蒂西亚的母亲是在卢瓦尔河沿岸城市南特的郊外长大的。"小时候我家餐桌上摆的净是从附近田地和牧场直接送来的新鲜食材，所以即使现在我住在巴黎，也一定要保持这种饮食生活。这对我们来说都是很自然的。"

Mes favoris
我的最爱

左：沐浴用品集合。主要是Weleda和Cattier品牌的。右：在常去的有机超市买来的食材。代替面包做主食的是糙米和藜谷等谷类。

Les soins quotidiens

Les soins quotidiens sont essentiels pour moi

日常护理

早间护理

晚间护理

特殊护理

　　莱蒂西亚的护肤品大多是在她购买食材的有机商店里买的。"我喜欢Dr. Hauschka这个品牌。因为他的创始人是瑞士人，我有时甚至会专门去瑞士买一些产品存起来用。"在做日常护理时，"无论晚上多累，我也要仔细地清洁皮肤，在此之后还要做好保湿"。周末莱蒂西亚用去角质的产品清理毛孔，然后再敷上面膜。"当你觉得皮肤干燥时，就敷保湿面膜，一直敷到早上。"

1. 从左到右分别是：Dr. Hauschka的乳液(油性皮肤用)、Caudalie的眼部精华液、La Roche-Posay的洁面啫喱、BIO芦荟面霜(莱蒂西亚喜欢把它当日霜用)。2. Dr. Hauschka的乳液，"非常滋润，晚上可以只用这个，不用再抹其他面霜"。中间的是Caudalie的Eau de beauté。3. 两瓶WELEDA的按摩精油(图中靠右的)，用于做身体特殊护理。

Mes activités sportives
La cuisine et l`exercise physique m`épanouissent

在家里用运动和饮食来雕琢美丽

"我是阿根廷探戈的爱好者。在做彩妆师之前，我甚至取得了探戈教师资格，在一家探戈学校执教。"莱蒂西亚竟然有这么一段令人意想不到的经历。"虽然我现在很忙，根本没时间去跳舞或去健身房，但我会在家里的器械上做运动。此外，我平时尽量不搭地铁而多走路，不搭电梯而走楼梯。这一点也很关键。"

公寓里的健身器械是姐妹俩共有的，她们定期使用这些器械。在器械上做运动的效果和越野滑雪一样，可以使全身得到锻炼，"如果将速度和负重的变化设定成随机的，那就更吃力了，锻炼30分钟就会出很多汗，我会在锻炼完后去冲个淋浴，然后用WELEDA的精油按摩两腿，放松肌肉。"

"我们每天的饮食都尽量使用有机食材。总而言之，我们的餐桌上有很多蔬菜和水果，我们还经常吃豆腐和豆制品，以代替动物蛋白。"她们招待朋友的素食晚餐也很受好评。"我最擅长的菜式是茴香豆腐沙拉。我一般用大豆酱油和香草类的调味品来调味。"

莱蒂西亚和姐姐戴芙妮共住的公寓带阁楼。阁楼就好像世外桃源一样，这里的氛围让人心情舒畅。"从跳蚤市场买来旧家具，上面摆上五彩缤纷的小东西，这里就变成了很女性化的快乐空间。"姐妹俩或聊天或看书，在这里这样悠闲地度过了美好的时光。

Dans mon café habituel

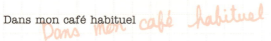

在喜欢的咖啡馆里度过愉快的时光至关重要

莱蒂西亚习惯在咖啡馆的阳台上喝一杯浓咖啡，莱蒂西亚偶尔也会在周末和朋友们一起品红酒，"虽然我是素食主义者，但也不想过度禁欲。如果自己的身体有某种需要，我想多少有点嗜好也OK。就是要享受人生嘛！只要控制好，不要过量，然后用运动和保健品来弥补就可以了。还有水，我一直喝矿物质含量比较少的软质水Mont Roucous。然后是睡眠，多睡觉对我来说非常重要！"

Dans ma trousse de maquillage...

Dans ma trousse de maquillage

化妆包里……

L'agenda de Laëtitia

Lundi, Mardi (周一、周二)
从事电影拍摄工作。从清晨一直持续到深夜。

Mercredi (周三)
休息。起床后，在家里的器械上做有氧运动。下午，去有机商店买东西，还买了Dr. Hauschka和WELEDA的护肤品。

Jeudi (周四)
晚上，在去参加音乐家男友的现场演唱会前，用Natessance的Masque Express做面膜。

Vendredi (周五)
晚上用Caudalie的le gommage doux清理毛孔，然后在脸上涂满Avène的Masque Hydratant入睡。

Samedi (周六)
上午，步行到11区的专业化妆品店Paris Berlin购买彩妆用品。晚上邀请几个女友一起吃晚饭。

Dimanche (周日)
和男友在附近的咖啡馆会合，一起吃早午餐。晚上，将WELEDA的Huile Dynamisante涂满全身做按摩。

莱蒂西亚平时带在身边的化妆包里装着唇彩和口红、兰蔻的睫毛膏Hypnose、YSL的明彩笔和腮红、Bobbi Brown的粉刷。"另外我还喜欢用CLARINS的彩妆产品。"

"我在工作时，大都是素颜。要是晚上出去的话，就涂一层很薄的粉底，因为我想展现肌肤微微闪光的质感。"莱蒂西亚喜欢用的粉底是Kanebo的。"眼部用散粉涂眼线，然后刷上兰蔻的睫毛膏Hypnose。"这就是突出眼部的简单妆容。闪耀着健康光泽的肌肤，是最具魅力的。

钟爱彩妆的巴黎女人披露美丽秘诀

Une passionée de cosmétiques dévoile ses secrèts de beauté.

05

Nom: **Alexandra Neel** 亚历山德拉·内尔

Age: **32** Profession: 鞋子设计师

05
亚历山德拉·内尔

　　从巴黎歌剧院的芭蕾舞女演员华丽转身为鞋子设计师的亚历山德拉，是一个地道的巴黎女人。"对于美容，我真的是非常狂热。"她一直专注于此："一旦发现有新的化妆品上市，我一定会多多试用。健身房、土耳其浴、按摩……只要是与美容有关的，无论什么我都会尝试。我化妆的历史比别人都长，因为我从小在歌剧院的芭蕾舞学校学习，学校规定每天上课前都要自己化妆。这是不是很有趣？现在我每天即使没有出门要办的事，也必须化妆，否则就会觉得不自在。"（笑）亚历山德拉简直称得上是美容专家了。

Mes favoris
我的最爱

左上："每天洗完澡后，我将Nuxe的Huile Prodigieuse作为身体护肤油使用。它有很好的保湿效果，却一点也不粘腻，用过以后皮肤很清爽，感觉很好。"
右上："Opalis的护发精华素La Crème能够滋润头发，任何发质都适用。味道也很好闻，我向大家推荐。"下："这么多年来，我只用这一种香水——迪奥的Bois d'argent。它的香味不会过甜，令人印象深刻，是可以让人放松的香水。"

La recette secrète de maman

妈妈亲传家庭护肤秘方

1~4. "这是我妈妈告诉我的美容秘方。碗里盛满热水，放几勺百里香的叶子。虽然味道不太好闻(笑)，但是用这个蒸汽蒸脸，可以清除毛孔里的污垢。在脸上涂满沐浴精油，蒸10分钟。然后再敷面膜，去角质，效果会事半功倍哦。"5 酷爱喝茶的亚历山德拉喜欢喝Mariage Frères的马可波罗。

La gymnastique à domicile

La gymnastique à domicile

家庭健身

deux

un

trois

"我每周请老师到家里来指导一次,锻炼两个小时。几个月前我刚生完孩子,所以现在我重点以下半身的塑形为主进行锻炼。"因为她以前就是芭蕾舞演员,所以很喜欢活动。"我在上舞蹈课程,最近还开始游泳了。四季酒店的游泳池,我每周去两次。尽管有时一忙起来,我根本抽不出时间。"这时,她还是会在家里进行必不可少的锻炼。即使做了妈妈,亚历山德拉也毫不懈怠,为了美丽不断努力。她对自己极为克制的生活态度由此可见一斑。

Les soins quotidiens

Les soins quotidiens

日常护理

早间护肤

亚历山德拉的基础护肤品是根据美容沙龙的处方，统一使用Joëlle Ciocco的系列产品，上：
"早上的护理用化妆水、水凝胶、眼霜，再加上再生活肤面霜，护理的第一步是用Avène的矿泉水喷雾喷脸。"下："晚上只用化妆水和面霜做简单护理，做好保湿很重要。"

晚间护肤

Soin spéciale du weekend
Les soins spéciales du weekend

周末特殊护理

1.左边的是La Prairie的细致晶柔磨砂膏。右边的是Joëlle Ciocco的植物去角质产品。2.有机护肤品牌Cattier的玫瑰面膜。前面这些都是在做完百里香蒸面后用来清理毛孔污垢的特殊护肤品。3.Sisley的花香保湿面膜。它能够滋润疲惫的肌肤，明显提亮肤色，是速效面膜。"我坐飞机长途旅行之后一定要用这款面膜。"

Mon institut préféré

亚历山德拉大概是在5年前开始定期去Joëlle Ciocco的美容沙龙做护肤的。据说这家美容沙龙是她一位做杂志编辑的朋友介绍给她的。"她的手是magic hand！我一年去4次，每次接受两个小时的护理。最后，她还会给我写一张适合我使用的化妆品清单和类似于皮肤科处方的便笺。清单上面列的不仅有她自己品牌的产品，还有根据处方能在药房买到的面霜，真的很有效。"亚历山德拉平时喜欢用Joëlle Ciocco特制的护肤品。在做特殊护理时，根据心情，她会选择使用其他品牌的产品。这就是亚历山德拉式的美肤术。

Joëlle Ciocco凭借皮肤医学创造的独特方法和那双神奇之手，受到了全球女星和众多名流的追捧。她亲自操作的护理项目每次需要两个小时，客人每3个月做一次。

Ma collection de parfum

亚历山德拉的公寓位于巴黎左岸幽静的住宅
区。客厅里，阳光柔和地洒射进来。客厅以白
色为主调，室内装饰得雅致而现代。讨论工作、
健身课程，都在这里进行。这是一个清爽而又
有品位的空间，正如她给人的印象一样。

亚历山德拉说："化妆是我每天必不可少的一项内容，"在仔细做好肌肤的打底工作后，用眼线笔画眼线，然后用唇彩提亮唇色。她几乎不用很鲜艳的色系，就是为了衬托出她自然可爱的容貌。

Programme hebdomadaire pour les soins de beauté

Programme hebdomadaire pour soins de beauté

一周美容日程

L'agenda de Alexandra

Lundi（周一）

晚上，将双手泡在橄榄油里，然后做指甲去角质护理。洗完澡后，用Nuxe的Huile Prodigeuse仔细涂抹全身做保湿。这一天觉得很累，所以脸上敷上Sisley的保湿面膜。

Mardi（周二）

下班后顺道去Carita的沙龙做美甲润色。

Mercredi（周三）

傍晚去四季酒店游泳完成后，在SPA做按摩。晚上，在洗头发前，先用Leonor Greyl的护发精华Huile de Palme做头发护理。

Jeudi（周四）

傍晚，定期去Joëlle Ciocco的美容沙龙赴约。经过两个小时的护理，肌肤好像获得了新生！

Vendredi（周五）

下班后和几个女友会合，一起去2区的土耳其浴室做去角质护理和精油按摩，然后再去有机餐厅吃晚饭。

Samedi（周六）

上午在家里蒸面。清除了毛孔里的污垢后，用Cattier的面膜做保湿。下午去参加一周一次的伸展操个人课程。因为刚生完孩子，课程内容以下半身的塑形为主。

Dimanche（周日）

父母到家里来，一家人一起吃午饭。下午，和丈夫一起带着孩子到卢森堡公园散步。这是忘掉工作，和家人共处的放松时刻。

Mes produits indispensables

Mes produits indispensables

我的必备单品

1.亚历山德拉设计的鞋子在沙龙里展示。让人看得出神的漂亮鞋跟是她的设计标志。2.因为工作方面有商品陈列室和展会布置的相关事务,她要定期去意大利,每次她都买托斯卡纳产的橄榄油。3.她不忘用啤酒酵母保健品ECOPHANE来补充营养。下:在她时尚的化妆包里,放着粉饼、眼线笔、睫毛膏和唇彩。

关于饮食,"虽然我吃很多的蔬菜和水果,但我也喜欢吃肉,所以在饮食上我没有特别的限制。我不加热橄榄油,只是将它洒在所有的食材上。而把橄榄油倒入碗里,然后将双手浸泡10分钟,它就变成护理指甲和嫩肤的手膜了"。对于如此重视美容的亚历山德拉来说,最重要的一件美容必备品就是"保持笑容"。"无论你再忙再累,一天也要笑15分钟。这是最好的美容秘方!"

均衡的饮食生活是美丽的秘诀

Le repas équilibre , c'est la base de bien être.

Nom: Valentina Stevens   瓦伦蒂娜·史蒂文斯

Age: 26   **Profession:** 精品店 JOY 的店主

瓦伦蒂娜从出生到长大，甚至连她现在经营的店，都在巴黎的中心玛黑区。"我喜欢这里保留着的旧建筑。我家周围一直都有个人经营的蔬菜店和面包店，所以我经常能买到新鲜的食材。要保证身体健康，食物很重要。"为了漂亮，购买化妆品也是必不可少的。"我一个

月逛一两次Séphora和春天百货的化妆品卖场，看看有没有新产品上市。(笑)要是看到可爱的化妆品外包装，我就会不自觉地买下来。带着可爱的东西，心情也会变好。当然品质也是必须考虑的。"

Mes favoris 我的最爱

瓦伦蒂娜喜欢用Prada的香水。指甲油主要选择配色靓丽的Chanel和Dior的。Paul&Joe的化妆品，无论是品质还是包装的可爱程度都很吸引瓦伦蒂娜。

MASTERS OF PHOTOGRAPHY

LEWIS CARROLL

Je suis végétarienne depuis long temps.

Je suis végétarienne depuis long temps.

素食主义者

"从小时候开始我就坚持不吃肉。这让人觉得我很可怜，也很难坚持。虽然以前很困难，但是现在我能够控制自己的饮食，所以觉得没什么难的。早饭以水果为主，午饭和晚饭则基本上是搭配蔬菜的意大利面和沙拉。因为我妈妈是意大利人，所以我会做各式意大利面。我的美容秘诀就是坚持吃素食。"晚饭她大多是和设计师男友一起吃，他们在学生时代就开始交往了。他们根据两人工作的忙碌程度来决定由谁做饭。"做饭也可以转换心情。平时我都是在家附近买东西，休息日我有时会去更远一些的市场去买新鲜的蔬菜。"

1.每日必不可少的水果盛在瓦伦蒂娜选的盘子里。做水果挞是她最擅长的厨艺之一。2.买食材时，她会顺便到家附近的旧货市场转转。3.南瓜西红柿乳蛋饼再加上沙拉组成的午餐。

（译者注：乳蛋饼是一种用奶油、鸡蛋及各种食材的碎末做成的馅饼。）

Le Déco, pleine de nostalgie.

La déco, pleine de nostalgie

装满古董的房间

　　瓦伦蒂娜的公寓在这栋楼的顶层。房子附带天窗，明亮的阳光从上面照射进来。因为喜欢古董，她家里到处都摆放着祖父母留下来的家具和从古董店里买来的小东西。"我喜欢拥有旧东西的那种优雅的氛围。回家后看到它们，能让我意识到这是自己的家，会感到很平静。但是不久前，我决定彻底履行极简主义，东西已经少喜了很多。现在我只选择自己非常喜欢的一些来装饰房间。虽然乍一看我的东西都放得随随便便，但是衣服、化妆品、小摆饰都是有它们固定的摆放位置的。我的性格有着出乎意料的多面性。"

Vaici ma collection de cosmetiques

Programme hebdomadaire pour les soins de beauté

一周美容日程

Programme hebdomadaire pour les soins de beauté

L'agenda de Valentina

Dimanche（周日）

店里开始营业前，去Aligre市场买够一周要吃的蔬菜、水果。晚上用Lancôme的洗发水和护发素护理头发。

Lundi et fête　（周一和休息日）

吃完早饭后，一上午都在圣路易岛的瑜伽教室(Espace Saint Louis)锻炼。午饭在意大利餐厅L' Enoteca吃意大利面。下午在附近的玛黑区和朋友见面，或者去购物兼散步，然后准备晚饭。她偶尔还会去春天百货的化妆品卖场和香榭丽舍大街的Séphora看看有没有新上市的化妆品。

Mardi ~ Samedi（周二～周六）

这是店里的营业时间。早晨用Diadermine洗脸，然后用Oil of Olaz的面霜保湿。彩妆用Chanel的睫毛膏和腮红，根据当天的衣服和心情用By terry或Sisley的唇彩。晚上护理在早晨的基础上增加了一步，即用Lancôme的Bi-facile来卸眼部的妆。香水是不能少的，现在她喜欢用Prada。晚上如果准备要出去的话，她会先回家洗个澡，然后换个适合夜晚的彩妆。中午简单吃点沙拉和意大利面等。晚上大多和男友在家里吃晚饭。因为她是素食主义者，所以不吃肉，以蔬菜为主的饮食生活是她保持健康的秘诀。

*她每两个月去一次Sing Coiffeur美容院做头发。春季和夏季，她每周去一次Nocibé做脱毛和皮肤护理。

Mes produits indispensables

Mes produits indispensables

我的必备单品

1.一年四季都很爱用的护手霜。右边的是Paul&Joe的，它用后很清爽，日常用。左边的是Dior的，晚上做特殊护理和冬季时使用。2.ANNA SUI加入细珍珠粉的眼影，可以提亮眼部。3.鲜红的口红是巴黎女人的标志。4.受到ANNA SUI化妆品外包装的吸引，她正在收集这个品牌的各类产品。

很喜欢买化妆品的瓦伦蒂娜，偏爱用哪些固定单品呢？"我喜欢的品牌在某种程度上就局限在Paul&Joe、Sisley、Lancôme和Dior等几个品牌。其中我每日必带的，有护手霜和鲜红的口红。"她每天随身携带的化妆包，是最近买的Marc Jacobs的Séphora特别限量版。"我很喜欢这个品牌，大小不同的套装使用起来很方便。"

有张有弛，美丽的秘诀

Bouger et être détente, c'est le secret de beauté!

07

Nom:

Laëtitia Hotte　　莱蒂西亚·奥特

Age:　**26**　　Profession:　美术设计师

　　莱蒂西亚学的是艺术设计，现在在潮流时尚杂志*Jalouse*做美术设计师。因为工作的关系，她有很多机会试用化妆品新品。"这些有编辑给我的，还有在完成摄影和设计工作后剩下带回家的。不知不觉间我就收集了很多有着可爱包装的化妆品。"彩妆用品她喜欢尝试新品，至于护肤品她一直使用同样的产品，"我是敏感性皮肤，所以喜欢用药妆。我不想给皮肤增加负担，所以早晚基本上都用一样的护肤品。我平时出门一定会骑自行车。这样既可以解决运动量不足的问题，也不必特别去运动，有利于保持健康。"

Mes favoris
我的最爱

莱蒂西亚将自己的时间分成外出摄影时间、与人会面的时间和在家做设计、案头工作的时间。她很喜欢这种富于变化的生活。在家的时候，莱蒂西亚会穿着Dr.Scholl可爱的水玉圆点健康木屐来放松，这是朋友们送给她做按摩用的。"有时为了改变一下工作时的心情，我会改染指甲的颜色。平时我都是涂自然的粉色，要是出门的话，会涂成红色，我觉得这样比较性感。"

autour de mon dressing

Les soins quotidiens

Les soins quotidiens

日常护肤

早间护肤

晚间护肤

头发护理

　　莱蒂西亚喜欢在早晨洗澡。日常的护肤程序是先用刺激性较小的卸妆液洗去污垢，然后涂抹保湿霜。她洗脸时尽量不用肥皂。"巴黎的水质不是特别好，所以我不用自来水直接洗脸。"晚上的护肤程序和早上基本一样，只是加上了卸睫毛膏和擦护手霜的步骤。总之，她一直坚持简单护肤。"等我年龄再大点时，会选用营养丰富的面霜，也会去美容院。现在做这些有点为时尚早。"因为发质脆弱，所以莱蒂西亚只用常去的美容院推荐的产品护理头发。

1.护肤品她用的是清一色的药妆。她用Bioderma的Créaline H₂O卸妆，因为这种卸妆液即使不用水也可以洁面，所以她已经用了好几瓶了。无论是面部保湿还是身体保湿，Avène的保湿霜都是必不可少的。2.因为发质脆弱，所以她一周洗两次头发，周末一定会用发膜做特殊护理。3.卸睫毛膏，她喜欢用有机化妆品品牌Coslys的玫瑰香型产品。

Je change mon maquillage pour la soirée

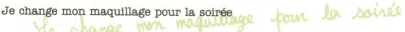

Je change mon maquillage pour la soirée

晚上出去时改变妆容

参加晚会的彩妆组合

1.用加入了反光颗粒的Chanel的Poudre universel libre蜜粉打底，再用Givenchy的面部和眼部蜜粉Prismissime在唇部上唇彩，然后用加入金属微粒的Bourgeois的眼线笔画出相粗的眼线，这样晚妆就化完了。2.把Chloe的Eau De Parfum香水分别往脖子和两个手腕上喷一下。3.出门前在镜子前全身检查一番。化妆台上有她喜欢的小动物和天使造型的装饰品。

化妆台一角

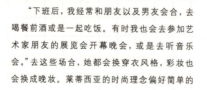

"下班后，我经常和朋友以及男友会合，去喝餐前酒或是一起吃饭。有时我也会去参加艺术家朋友的展览会开幕晚会，或是去听音乐会。"去这些场合，她都会换穿衣风格，彩妆也会换成晚妆。莱蒂西亚的时尚理念偏好简单的设计，所以在外出的妆容上如果过于"正式"，她是很难接受的。只用含有金属微粒的闪光粉和眼线稍微突出一些性感，这才是重点。另外，必不可少的是香水。她现在喜欢用Chloé的玫瑰香型的Eau De Parfum香水。

J'aime un style minimaliste.

J'aime un style minimaliste

现代、极简的室内装饰

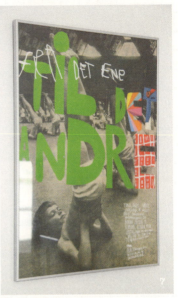

1.在家时一定要有音乐。她把喜欢的曲目全都传到iPod里，这样家里看起来会比较紧凑。2.卧室也是客厅和工作室，所以这里坚决不放无用的东西。床也是毫无压迫感的白色。3.因为工作关系，书架上全都是摄影集和艺术类书籍。4.每期她都参与的杂志Jalouse。不仅封面由她设计，内文有时也用她的插图。5.意大利面和罐头等可长期存放的食品都放在柜子里。吃油分少的食物，不摄入过多的红肉和糖分，不过量饮用酒精饮品，这是莱蒂西亚的饮食原则。6.休息时少不了花香红茶。7.图片海报很显眼。8.她有每天整理工作台的习惯。9.每周搞一次插花。

Programme hebdomadaire pour les soins de beauté

一周美容日程

L'agenda de Laëtitia

Lundi（周一）
早晨起床后洗澡，护肤。彩妆只用矿物粉和Evian的喷雾，追求自然。

Mardi（周二）
到常去的Bourse站附近的美容院David Mallett剪发并做护理。"这家店虽是我道听途说来的，但我的很多模特儿和业内朋友都是这家店的老主顾。这是一家具有超凡魅力的美发沙龙。"

Mercredi（周三）
从11区的家里骑自行车到位于玛黑区的*Jalouse*编辑部上班。一整天坐在桌边，偶尔活动活动身体换换心情。

Jeudi（周四）
冬天在编辑部工作。午餐是外送的日式便当，很健康。

Vendredi（周五）
将拍摄后不用的化妆品新品带回家。晚饭要和男友及朋友一起出去吃，所以迅速试用这些新品，化上晚妆。

Samedi&Dimanche（周六 & 周日）
午餐和女友一起在玛黑区的素食餐厅La Victoire Suprême du Cœur 吃。一周做一次头发护理，在Cosmence 的Cell Booster 做身体特殊护理。

07 莱蒂西亚·奥特

Mes produits indispensables

Mes produits indispensables

我的必备单品

1

2

3

4

5

"每季我都会搜集到许多新品，所以攒下了很多有着不同包装、个性十足的产品。即使不用，把它们当做装饰或者只是看看，我都很高兴。"与此相反的是，莱蒂西亚随身携带的化妆包里只有每天必用的基本单品。"巴黎女人很重视日常彩妆的自然感，所以脸上只用散粉就足够了。我一直都在摸索能给皮肤带来自然美感的彩妆手法。"

1.Shu Uemura的假睫毛，因为是限量发售，觉得很珍贵，就买了。2.Dior的眼线膏可以画出漂亮的眼线，晕试不爽。3、4.眼影的颜色莱蒂西亚都选择接近肤色的自然色。图3是Paul&Joe的，印花图案的包装很漂亮，图4是Too Faced的眼影精，这个产品很好用，还可以作为打底霜和遮瑕膏来用。5.Dior的唇彩有水果和薄荷的香气，是莱蒂西亚很喜欢的一款产品。

巴黎姐妹真实的美容生活

La réel vie de beauté des sœurs parisiennes.

08

Nom:	Louise Darleguy		路易斯·达勒吉
Age:	16	Profession:	高中生
Nom:	Laure Darleguy		洛尔·达勒吉
Age:	21	Profession:	大学生

　　达勒吉姐妹一家生活在巴黎20区的一栋房子里。妹妹路易斯是一个16岁的女高中生。她身材修长，体型出众，以前是歌剧院芭蕾舞学校的学生，现在正努力成为舞台剧女演员。"我小时候就经常化舞台妆，所以对化妆很感兴趣。"据说她的零花钱有很大一部分都用来买化妆品进行"研究"了。姐姐洛尔是数学专业的大学生。"在高中时，我曾经读过巴黎最难考进的演员训练学校。有了在那里学习的经历，我知道了什么是美的姿态和表情。"对于美容和打扮，姐妹俩都有很浓厚的兴趣。虽然她们是感情很好的姐妹，但是喜好完全不同，她们谈论着各自的生活。

洛尔的最爱

路易斯的最爱

Nos favoris

我们的最爱

左：带有东方气息的Max Mara是洛尔的专属香水，成熟的香型很适合她。
右：路易斯喜欢用较清淡的miss Dior Chérie，这个香水瓶也很漂亮！

路易斯的生活
La vie de Louise

Les soins quotidiens
Les soins quotidiens

日常护肤

早晨的护理由此开始：用肥皂洗脸，用啫喱状洁面产品清洁肌肤。"因为我担心会长痘，所以用马赛皂和预防粉刺的洁面啫喱洗脸。"在身体上擦香氛乳液补充水分。晚上卸妆后，脸上涂抹适合敏感肌肤的清爽面霜，眼部用添加了维生素的眼霜。"身体用预防产生橘皮组织的产品去角质。虽然很便宜，但是GARNIER这个牌子的一系列产品都不错。每天睡觉前，我都会仔细按摩。"

1.含温泉水的Avène防粉刺洁面产品。2.散发着南方花卉香气的Jardins des îles的身体乳液。3.皮肤科推荐使用的Dexeryl的敏感肌肤用面霜和The Body Shop的眼霜。4. Évoluderm的乳液型卸妆产品。5. GARNIER的防橘皮组织去角质产品。

早间面部护理

早间身体护理

晚间面部护理

晚间身体护理

08 路易斯·达勒吉&洛尔·达勒吉

Le secret de beauté des Parisiennes

Une pratique méticuleuse de soi

Ma chambre
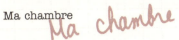

Ma chambre

我的房间以"闺房"为主题

1

2

我喜欢的鞋子大集合

3

4

1.在喷涂成银色的画框里，路易斯将自己喜欢的照片拼贴在一起。柜子上放着她的生日礼物和购物袋。2.姐妹俩和弟弟的照片被装饰在墙上。这是妈妈的杰作。3."我非常喜欢鞋子，现在正在收集各式各样的鞋。我喜欢的鞋子品牌是Repetto。有个朋友和我穿一样大小的鞋子，我们就时常换着穿。"4.篮子里盛满了路易斯上芭蕾舞学校时穿坏的芭蕾舞鞋。现在这里是两个半月大的小猫卡利玩耍的地方。

　　路易斯妈妈的室内装饰眼光出众，擅长DIY。她和路易斯商量过后，将她的房间改造了一番，变成了一个充满粉色、紫色和薄荷绿色的华丽空间。古董家具和吊灯都充满了浪漫气息。"'闺房'是这个房间的主题。朋友们送我的生日礼物的包装袋、我平时穿的鞋子和练舞蹈穿的芭蕾舞鞋、家人和朋友的照片……我喜欢的东西将这个房间塞得满满的。"最近，达勒吉一家多了一个新成员——小猫卡利。它很喜欢在路易斯的房间里玩耍、睡午觉。

Le sport qutidienne

Le sport quotidien

每天的运动必不可少！

先做擅长的伸展运动来热身。路易斯很自豪，她可以做到将脚抬到头上方的高难度动作。她家离绿色植被丰富的拉雪兹神父公墓很近。"我可以一边呼吸新鲜空气，一边步行或慢跑，这样能够让我重新焕发精神。"今天路易斯步行时身穿的是Viktor&Rolf和H&M共同发布的限量版T恤。在不做运动的日子里，路易斯不搭地铁，而是使用巴黎市的出租自行车"Vélib"出行。"每隔300米左右就有一个租车点，很方便。最近，我和朋友利用"Vélib"从巴黎的20区骑到了16区，也就是说从城市的一端到了另一端。"

　　"我不练芭蕾后就变胖了。所以我坚持每天都步行，有时间的话还慢跑。"虽然她也减少了食量，但还是听从妈妈的忠告，"每天吃5种水果，还要吃足够的蔬菜"。她一直坚持平衡的饮食和运动，稳步瘦身，现在距离她的目标体重只差3公斤了！"我外出时刻意不坐地铁，尽量选择步行或骑出租自行车。多喝水有助于脂肪燃烧，这是提高运动效果的秘诀。一定要参考啊！"

Mes produits indispensables

Mes produits indispensable

我的必备单品

化妆包里常备的有：粉底、散粉、粉刷、唇彩和睫毛膏。周末的时候再加上眼影和腮红。路易斯尝试过很多产品，比起昂贵的品牌，她购买的更多的是平价但可爱的化妆品。

　　平时在学校的时候路易斯就化比较自然的妆，周末聚会时，就比较重视眼部的妆。"平时化彩妆，就是在擦完面霜后抹粉底，涂散粉，用眉笔描眉，然后再涂睫毛膏，就完成了。如果不想妆看上去很浓，用轻薄的粉是关键。嘴唇只涂唇彩就可以了。"路易斯的化妆品都是在香榭丽舍大街的Séphora或Publicis Drugstore买的。"我都是在Séphora试用彩妆产品，在Drugstore购买护肤品。那儿的咖啡馆也值得推荐哦！坐在能看见凯旋门的阳台上，心情很好。"

L'agenda de Louise

Lundi（周一）
7点左右起床→跑步→淋浴→做脸部、身体护理→化妆→8点左右吃早饭→去学校→午饭和朋友一起简单吃一些汤类食物→下午在学校→和朋友一起吃中餐→22点左右回家→泡澡或淋浴→深夜做完腿部按摩后睡觉

Mardi（周二）
7点左右起床→淋浴，做脸部和身体去角质→做脸部、身体护理→8点左右吃早饭→不化妆去学校→午饭去沙拉和汤类→下午放学后在咖啡馆聊天→傍晚回家→20点左右和家人一起吃晚饭→泡澡或淋浴→睡觉前做脸部护理、身体护理、按摩→深夜入睡

Mercredi · Jeudi（周三 ~ 周四）
7点左右起床→跑步→淋浴→做脸部、身体护理(不化妆)→8点左右吃早饭→去学校→为了保持体形不吃午饭→下午去健身房或公共泳池→傍晚回家→20点左右和家人一起吃晚饭→睡觉前泡澡或淋浴→做脸部护理、身体护理、按摩→深夜入睡

Vendredi（周五）
8点左右起床→护肤、化妆→去学校→午饭在学校附近吃沙拉、喝汤→下午早早回家，舒舒服服待在家里→晚上与朋友会合出去玩→深夜回家→淋浴→简单护肤→入睡

Samedi（周六）
上午悠闲地睡懒觉→吃早午餐→下午素颜在家里度过→在家吃晚饭或和朋友一起吃晚餐→晚上和朋友会合出去玩→深夜回家→淋浴→简单护肤→入睡

Dimanche（周日）
睡到中午起床，和家人一起吃午饭→下午悠闲泡澡，做面部和身体特殊护理(去角质等)→不化妆，看DVD轻松度过→20点左右和家人一起吃晚饭→入睡

08　路易斯・达勒吉&洛尔・达勒吉

Pour la beauté et le bien-être

Pour la beauté et le bien-être

为了美丽与健康

平时大学没课的时候，洛尔就在图书馆和家里自习。她每周三次去健身房，每次做一个半小时的器械和单车锻炼。妈妈工作很忙，洛尔还承担起了接送10岁的弟弟的任务。"彻底地消除疲劳，就是我保持美丽的秘诀。在天台上晒太阳、休一个长假，都是很重要的。"她很高兴地告诉我，夏天她要和男朋友一起去做帆船旅行。"按摩放松和睡眠都很重要。为了让肌肤获得修复，我每天都要睡八九个小时。"充分休息后迎来的早晨总是那么清爽！

草木繁茂的二楼天台有一把折叠躺椅。小麦色肌肤让人感觉健康。阳光，所以洛尔从初夏开始就坚持日光浴，每天刻意晒一段时间。"在这里悠闲自在地沐浴在阳光里是最好的享受，可以彻底防松自己。比起海边强烈的阳光，这里的光线更自然柔和。一边读书，一边想象着即将到来的长假，这样度过的一段时间让我充满活力。"巴黎市内想象不到的幽静天台，是很适合消除疲劳的场所。

在天台上晒太阳，获得健康的肌肤

L'heure de make-up

洛尔的房间装饰以白色为基调，比较成人
化。妈妈在她古董衣柜的镜子上贴上了花朵
图案的贴纸。即使平时全身心投入学习，她
也要花时间化妆，打扮得漂漂亮亮的。

Les soins quotidiens

Les soins quotidiens

日常护肤

早间护肤

洛尔的肤质是干性的。所以洗完脸后，她都是用Avène的适合干燥肌肤使用的保湿霜Hydrance。眼霜是"在药店买的，虽然很便宜，也没大听说过这个品牌，但是用后一整天都很滋润，很有效"。

晚间护肤

手套是配合身体磨砂产品 Évoluderm 使用的。NIVEA用作晚霜。glamour factory是晚上做按摩时使用的按摩霜。L'ORÉAL的晒黑霜是度假前用来做日光浴用的。

"早晨洗完脸后，涂保湿霜、眼部专用保湿精华。晚上卸妆后，用洁面乳液、保湿霜、添加维生素的面霜层层滋养皮肤。"洗完澡后在身体上涂抹保湿霜。两周做一次面部和身体的磨砂，彻底清除老旧角质。"保持全身的清洁很重要。肌肤、指甲、头发、手、脚的保养都不能懈怠，我要让身体的每个部位都保持美丽。我要始终做到完美无暇！"这种毅然决然的姿态，或许就是洛尔美丽的根源所在吧。

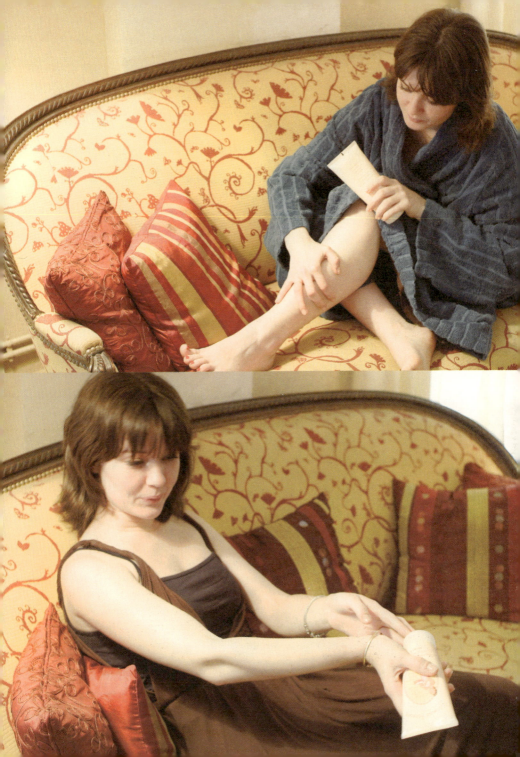

J'aime la cuisine!

J'aime la cuisine !

亲手制作以蔬菜为主的菜式

　　洋梨、草莓、杏……洛尔用各个季节的
水果制作的果酱，全家都在享用，早餐的吐
司可离不开它。而喝鲜榨的橙汁也是家人每
天早上的固定节目。厨房的大窗户，一整天
都能透射进来阳光，让人心情愉快。洛尔正
在做沙拉。"如果全天有课的话，我就在外
面吃，其他大部分时间我都在家吃饭。除了
蔬菜沙拉，我还经常做一道菜——将切薄的
肉片炒一炒，浇上奶油汁，如果再加点蘑菇
的话会更好吃。"

洛尔平时经常帮忙做家务，自然也就学会做菜了。"家里总是有很多蔬菜水果。所以，我的常备菜单都是以蔬菜为主的。我还很会用中式锅炒菜。蔬菜是我的大爱！当然，我也吃鱼和肉。我们家吃完饭后不吃甜品，而是以芝士代替。妈妈一直很注重饮食的搭配，所以这是我们从小就养成的习惯。"洛尔很少在外面吃，几乎每天都在家吃饭。她并没有特别控制饮食，最近只是去健身房锻炼，体重就减轻了5公斤，真是让人大为吃惊！

Mes produits indispensables
Mes produits indispensable

我的必备单品

　　洛尔重点化眼妆，其他部位都很简单，这就是她的彩妆风格。"睫毛膏我每天至少抹3次。我并不局限于某个品牌，只选择有分量的。画眼线用眼线笔，眼影主要用黑色、灰色和褐色。这些色系能衬托出漂亮的眼睛。"洛尔不用粉底，她只是薄薄地拍一层粉。嘴唇只用润唇膏，偶尔外出的时候，用唇彩稍微润润色。"化妆时不要每个部位平均用力，有增有减，才是漂亮的妆容。只有这样，得到细致护理的肌肤才会变得更美。"

洛尔正在用的睫毛膏是Séphora自家大批量生产的产品。眼影用的是Biotherm的miss sporty系列，它的延展性和颜色都很好。Dior的唇彩、用于遮盖问题肌肤的遮瑕膏也是她化妆包里的常备品。

Je suis amoureuse de cosmétiques originaux!

09

Nom:	**Gabrielle Fritzch**	加布丽埃勒·弗里茨
Age: **24**	**Profession:**	大学生（刚刚毕业于视觉交流专业）

加布丽埃勒祖孙三代都出生于巴黎，她是地道的巴黎女人。今年夏天大学毕业后，她经营起二手服装店，兼职做模特儿，每天过得忙忙碌碌。"每天的护理是我必不可少的生活习惯。睡眠不足，早晨就要花时间做面部护理；站了一天很累的时候，晚上睡觉前就做脚部按摩。我用很多护肤品来消除疲劳。"加布丽埃勒会很认真地逛化妆品店，看看有什么新品上市。"使用珍贵材料、富有原创性的产品很吸引我。我喜欢有机产品。看过产品的质地、效果和成分介绍后，我就凭直觉去购买。"

Mes favoris

我的最爱

左：对改善干燥、斑点很有效的骨胶原面霜帮了我很大忙。The Body Shop的乳木果身体黄油我也很爱用。
右：常带在身边的Elizabeth Arden的护手霜。

J'adore les cosmetiques bio et simples

Les soins du matin

早间护肤

"早上用肥皂洗脸、化妆水调理、面霜护肤是我基本的护肤三步骤。虽然用时短，但却会让人变漂亮！所以，这几年我喜欢用这种方式做护肤。"加布丽埃勒说："CLINIQUE的产品不添加香料，对皮肤很好。"当觉得用这三个步骤护肤还不够时，她会增加有机护肤品牌Orhis的产品。"它的面霜可以让我恢复精神，皮肤状况得到改善。维生素面膜则可以立刻提亮脸色。它的配方中的花朵和水果的自然香气还有芳香治疗的效果哦！"

60 加布丽埃勒·弗里茨

1.可爱的橙子造型的薄片是添加了维生素C和维生素E的面膜，里面还有橙子和芦荟的提取物。"在基本护理后，敷这个面膜10分钟，暗淡的肤色便一扫而光。"2. CLINIQUE的基础护肤三件套是早晨的主角。用肥皂洗脸、温和洁肤水去角质，润肤露护肤，3分钟完成护理！有机护肤品牌Orhis的面霜是为肌肤注入活力的必备品。

Les soins du soir

Les soins du soir

晚间护肤

"在巴黎，即使夏天也很干燥，所以晚上洗完澡后保湿很重要。"通过洗脸彻底清洁皮肤后，用矿泉水喷雾和骨胶原精华给肌肤足够的滋润，最后在肌肤表面再抹一层精油，对抗干燥的护肤步骤就完成了。"每天晚上我都要聆听身体的声音，照顾出现问题的地方。趁着症状还不明显的时候对症施治，这是保持美丽的捷径。"对抗肌肤粗糙，她用天然配方的乳液；对抗皱纹，她用营养丰富的啫喱；针对整个身体，她则准备了对付橘皮组织、浮肿等各种问题的一系列护肤品。

1 evian的矿泉喷雾、能使骨胶原渗透到肌肤底层的Graphyte的精华、Biotherm的护理油、ORLANE的化妆水是晚间护理的主角。
2 身体特殊护理品。有L'OCCITANE的防水肿啫喱、燃脂啡啡瘦体霜、NIVEA的防橘皮组织润体霜、Lineance的磨砂膏是去角质用的。3 让皮肤变得光滑的Guerlain的黄金啫喱，Fragonard和NIVEA对皮肤刺激很小，可以改善皮肤粗糙的状况。脸部去角质用DECLÉOR。

身体特殊护理产品

面部特殊护理产品

Pour nous, parisiennes, il est indispensable d'hydrater sa peau !

Le sport quotidienne

Le sport quotidien

每天的运动

La pratique du sport au quotidien est plus efficace que les régimes pour garder la forme physique.

为了保持体形，加布丽埃勒养成了每天运动的习惯，她每天做30分钟的伸展操，周末跑步。"因为我很喜欢吃东西，与其节食，不如多运动！住在巴黎郊外的父母家时，我会在附近的森林里跑步。那里的空气很新鲜，我可以跑到任何想去的地方。"

Mes produits indispensables

Mes produits indispensables

我的必备单品

加布丽埃勒偏爱自然的妆容，充分展现细致呵护过的肌肤是她的美容信条。"我的粉底是薄粉型的，在此基础上再涂睫毛膏和唇膏就可以了。是不是很简单？"她化妆的重点是鲜艳的指甲。周末晚上出去时，她会抹上鲜艳的红色口红，宛如成熟的女人般现身。

CLINIQUE和Paul&Joe的粉底都很轻薄，很服帖，也很好上妆。Chanel的口红和YSL的唇彩是周末晚上用的，Agnès b.的指甲油也是红色的。

Mes repas

加布丽埃勒早上亲手榨果汁、晚上自己做饭。在外面吃饭时，为了保证营养均衡，前菜总是沙拉。"因为我有个只吃有机食品的爸爸，拜他所赐，我在父母家总能吃到很多很好的蔬菜水果。"

L'agenda de Gabrielle

Lundi（周一）
9点左右起床，做30分钟体操→淋浴→做身体、面部护理→化妆，吃早饭，喝大量的果汁→11点半到19点半，在二手服装店工作→午饭在店附近简单吃点沙拉和三明治等→20点左右回家→21点左右吃晚饭→卸妆→淋浴→做身体、面部护理→24点左右入睡

Mardi·Jeudi（周二–周四）
和周一一样。
每3天做一次面部和身体去角质。

Vendredi（周五）
白天的日程与前几天一样。20点半左右回家洗个澡。要出去时，做脸部磨砂、敷面膜，然后上妆。和朋友一起吃晚饭或去参加俱乐部活动。深夜回家。

Samedi（周六）
休息日。悠闲地睡到中午起床，然后吃早午餐。下午去土耳其浴室(阿拉伯式的蒸汽桑拿)调整皮肤和身体。回到家没什么事就是读读书。傍晚，去郊外的父母家。20点左右吃晚饭。晚上好好泡个澡，做特殊护理。用妈妈营养丰富的护肤品。24点左右入睡。

Dimanche（周日）
8点左右起床，在森林里跑步30分钟，之后淋浴。9点左右吃早饭，吃好多水果。13点左右和父母一起吃午饭。下午和父母一起打网球。傍晚回到巴黎的公寓。20点左右简单吃一顿晚饭。22点左右淋浴后，做面部、身体护理，然后在24点左右入睡。

合理运动与有机生活的达人

Je suis experte de product biologiques.

10

Nom: Clara Molloy　　　　克拉拉·莫洛伊

Age: 36　　　**Profession:** 香水品牌 MEMO 的经营者

克拉拉大学毕业后，成立了一家专门出版美容图书的出版社，去年又创立了自己的香水品牌——MEMO。现在她最关心的两件事是，以香水为主题执笔写一些面向儿童的漫画书和经营位于圣日耳曼地区的女装店。"对于美的意识，我比行内人更敏感。一旦发售新的化妆品，整套进行试用也是我的工作之一。身体内部的保养也很重要。拳击和自行车锻炼是我必不可少的运动项目。"至于饮食，克拉拉喜欢食用有机食材。"我家前的马路边就有个市场，可以在那里买到新鲜的食物。我还常去名叫Naturalia的有机超市。"

Mes favoris

我的最爱

她的梳妆台上摆的是正在研发的香水和护肤品样品。左边照片中的产品是护发专用的洗发水、护发素和牛奶皂。

10　克拉拉·莫洛伊

Au matin, je me maquille...

克拉拉早上7点起床，冲个淋浴，然后化妆。
她和在滑雪场认识的丈夫3年前结婚，搬到
了位于巴黎7区的这栋公寓里。虽然这是一
栋18世纪的古建筑，但浴室进行了彻底改
造，变得明亮现代。

Les soins quotidiens

日常护肤

早间护肤品

日常彩妆

周末特殊护理品

晚间护肤品

1.早晨用La Roche Posay的水喷雾和防晒产品，Joëlle Ciocco的葡萄柚化妆水。2.彩妆只用Lancôme的蜜粉和唇彩，很简单。3.周末用身体磨砂产品和护肤油滋养皮肤。4.晚上用Joëlle Ciocco的系列产品。这是她现在最信赖的品牌。

克拉拉根据多年的经验，使用固定的单品做日常护理。"我平时化妆只涂薄薄的一层粉，所以还必须用SPF40的防晒产品。早上的护理很简单，晚上用Joëlle Ciocco的全套产品。它是有机品牌，同时还以皮肤医学为基础，有很好的效果，所以我很喜欢这个品牌。彩妆用品和身体护理产品我常年使用Lancôme的。我也尝试过很多其他品牌的化妆品，但这个品牌最适合我的皮肤。"她对这些品牌的偏爱，从她丰富的储备上就体现出来了。

La vie quotidienne dans mon appartement

La vie quotidienne dans mon appartement

公寓与日常生活

克拉拉最爱的诞生美丽的空间

1 她常备有百里香茶、绿茶等四五种花草茶，她定期去附近的有机超市Naturalia买谷物和水果。2 彻底改头换面的现代派浴室，"我统一使用了给人感觉清洁的白色。"3 宽敞的餐厅里，古典的吊灯是点睛之笔。4 卧室的墙壁粉刷成了温暖的粉色。5 克拉拉还喜欢展示照片和绘画作品。

克拉拉为了处理邮件以及与图书相关的工作，上午大多待在家里。客厅和卧室尽量利用了原有的古典装潢，而浴室和厨房为了使用方便，彻底进行了现代化的改造。"室内装饰反映了一个人的审美意识。让喜欢的东西围绕在身边，并使之井然有序，这也会带来精神上的愉悦。"早饭时或是工作间隙，克拉拉都会喝花草茶来放松休息。她每周都要做三四次拳击和自行车锻炼，每次持续1小时。"我家里有健身室，所以可以随时锻炼身体。"

Programme hebdomadaire pour les soins de beauté

Programme hebdomadaire pour les soins de beauté

一周美容日程

L'agenda de Clara

Dimanche（周日）
唯一的休息日。做发膜和身体磨砂护理，
悠闲打发时间。

Lundi（周一）
早晨起床后淋浴，然后化妆。有机谷物、
花草茶、水果……好好吃一顿早饭。午
饭要兼顾工作，所以大多在外面简单吃
点沙拉等。

Mardi（周二）
19点回家。晚饭前在家里练1个小时的拳击。

Jeudi（周四）
试用自家品牌的护肤品样品，总结需要改
善的地方。今天的运动是边看DVD边骑室
内自行车。

Vendredi（周五）
受邀和丈夫一起去朋友家吃晚饭。先回家
换了一个妆容。

Samedi（周六）
在家一整天处理与图书有关的工作。从中午
开始点上香薰蜡烛提神。

Mes produits indispensables

Mes produits indispensables

我的必备单品

1.为了保持身材，多年来克拉
拉一直坚持拳击训练。拳击手
套是Everland的。2.润体霜用的
是Lancôme的适合干燥皮肤的
Caresse。它让肌肤变得如丝绸
般光滑。3.克拉拉家里到处都放
着香薰蜡烛，白天她偶尔也会点
上蜡烛，享受这充满香气的生活。
4、5.将旅行的回忆都封存在香
水里的MEMO系列产品。

克拉拉从很小的时候就关注香水，大学的
专业也是香水的历史，再加上她又创立了自己
的香水品牌，从此她的生活里再也不缺令人愉
悦的香水了。"如果锻炼后流了很多汗，我就
会选用符合当天心情的MEMO香氛沐浴啫喱。
要是约好了晚上出去，我就会先回家洗个澡，
换上适合晚上的衣服和妆容。这对于以爱美著
称的巴黎女人来说，是再自然不过的习惯了。"

巴黎女人最爱美容场所指南

北玛黑地区极具人气的有机品专卖超市

　　有机超市位于时尚业者聚集的北玛黑地区的一条背街小道旁，多彩的店面是它的标志。这里不仅提供有机无公害的蔬菜水果，还有日用品和化妆品，但仅限有机品牌产品。店里集合了Dr.Hauschka、Weleda、Cattier等著名的有机品牌。店内氛围明快、有个性。住在附近的Doux Me的经营者卡罗琳·瓦舍米特每周都要到这里来采购。

BiO-Moi
有机品超市
地址：35，rue Debelleyme 75003
地铁：Filles du Calvaire
电话：01 42 78 03 26
营业时间：周二~周六10：00~20：00
　　　　　周日10：00~14：00
休息日：周一

健康的果汁与汤品专卖店

　　这家位于北玛黑区、带一个小露台的果汁店是2005年开张的。这家店的食物种类丰富多样，有的是将新鲜的蔬菜和水果混合，有的是用自创的配方调制果汁搭配思慕雪，或是汤品配沙拉，这些健康食品在节食的巴黎女人中有很高的人气。午餐是沙拉和汤，附送面包，价格是7.3欧元。这里的食物既美味又健康，还有很好的美容功效。这家店是个神奇的地方。

Boost Jus et Soupes
健康果汁和汤品店
地址：16，Rue Dupetit Thouars 75003
地铁：Temple
电话：无
营业时间：11：30~18：00
休息日：周六、周日

定期去健身房，塑造美丽的形体

　　Club Med健身房位于巴黎17区。在20区幽静的住宅区里，有它的Bagnolet分店。那里面积很大，有1300平方米，不仅有器械室，还有各种训练室和桑拿房，设施齐备。健身课程里不仅有瑜伽和萨尔萨舞，还有锻炼身体不同部位、塑造体形的运动课程，很受欢迎。单日训练是25欧元，注册会员一年会费760欧元。

pilou pour Club Med Gym

Club Med Gym
健身房

地址：63，Rue Bagnolet 75020
地铁：Alexandre Dumas
电话：01 44 64 81 60
营业时间：8：00~22：00，周六8：30~18：00
休息日：周日

名人经常光顾的巴黎顶级美容院

　　这家美容院现在受到了巴黎潮流人士和名人的狂热追捧。美容院的创立者Joëlle Ciocco女士也是皮肤医学和生物学方面的专家，她用自己独创的方法开发的一系列护肤产品，除了在她的美容沙龙使用，其他只在一部分精品店里销售。她亲自操作的面部护肤项目两个小时680欧元，常常要提前几个月预约。

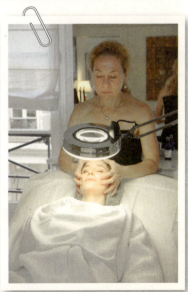

Joëlle Ciocco
美容院

地址：8，place de la Madeleine 75008
地铁：Madeleine
电话：01 42 60 58 80
营业时间：9：00~18：30
休息日：周六、周日

在老字号美容沙龙做正宗的脚部护理

    1927年，纳迪亚·帕约（Nadia Payot）博士
在Castiglione街开了第一家具有传奇色彩的美
容沙龙。以皮肤医学为基础，敏感皮肤也能安
心使用的高品质化妆品在日本也聚集了很高的
人气。现在在巴黎的香榭丽舍地区，开起了面
积达1200平方米的大型SPA——l'Espace
Payot。鞋子设计师亚历山德拉·内尔推荐的
脚部护理项目用时45分钟，价格是85欧元。

l'Espace Payot
美容沙龙

地址：62，rue Pierre Charron 75008
地铁：Georges V，Franklyn D.Roosvelt
电话：01 45 61 42 08
营业时间：周一~周五7：00~22：00
            周六9：00~19：00，周日10：00~17：00
休息日：无

欧洲规模最大的化妆品卖场

    春天百货的化妆品卖场占据了美容·家居
馆的一楼和二楼两个楼层。从奢华品牌到纯天
然的有机化妆品品牌，超有人气的美容产品全
部汇集于此，堪称"美的殿堂"。顺便介绍一下，
Paul&Joe Beauté在一楼，Doux Me在二楼。此
外，这里还着力打造各种美容服务项目，如手
部SPA、新型美发沙龙等。

Printemps Beauté
春天百货

地址：64，blvd. Haussmann 75009
地铁：Havre-Caumartin
电话：01 42 82 44 39
营业时间：9：35~20：00（周四营业到22：00）
休息日：周日

面对香榭丽舍大街的美的殿堂

2005年，Guerlain总店经过安德烈·普特曼 (Andréc Putman)和马克西姆·邓加克两位建筑师的彻底改造，获得了新生。总店是三层楼的结构，面积有600平方米，店里有美容沙龙，香水、彩妆用品销售专柜，其氛围完全称得上是"美的殿堂"。店里镶满金色马赛克的画廊和一直垂到二楼的巨大吊灯都是值得一看的内饰。

La Maison Guerlain
美的殿堂

地址：68，avenue des Champs Elysées 75008
地铁：George V
电话：01 45 62 52 57
营业时间：10：30~20：00，周日15：00~19：00
休息日：无

法国南部自然派肥皂品牌

在这家以马赛为根据地的品牌店里，用橄榄油制作而成的传统肥皂——马赛皂摆放得却很现代。店里的商品以用橄榄油和植物提炼而成的肥皂为主，此外还有香薰蜡烛、毛巾、毛刷等这家店原创的沐浴、护肤用品。产品包装设计采用素色透明的质地，配以简洁的文字，适合摆放在任何一户人家的浴室里。

La Compagnie de Provence
普罗旺斯皂品公司

地址：5，rue Bréa 75006
地铁：Notre Dame des Champs
电话：01 43 26 39 53
营业时间：周一~周五10：30~19：00(周六营业至19：30)
休息日：周日

源自希腊的有机护肤品

这个品牌源于希腊雅典的一家顺势疗法药房，后来他们与雅典大学医学系共同合作研发，在1996年创立了这个品牌。这些用希腊特产的薰衣草、牛至、百里香等提炼而成的护发、护肤产品以及成系列的沐浴、彩妆产品，纯天然、温和、香气浓郁是它们的共同点。2008年，经过时尚装扮的品牌精品店在巴黎开业，迅速成为巴黎女人们热议的话题。

Korres
有机护肤品专卖店

地址：13-15，rue Taitbout 75009
地铁：Chaussée d'Antan La Fayette
电话：01 45 23 51 24
营业时间：10：00~19：00
休息日：周日

药妆轻松入手

这家连锁药妆店在巴黎市内有13家分店，经营护肤品、化妆品和健康食品等。店里不卖药品，所以也不需要处方，销售的大多是Avène、CAUDALIE、Nuxe、Roc等由皮肤科医生开发的药妆和纯天然的护肤品牌产品。商品展示一目了然，很受顾客好评。本书中介绍的巴黎女人大部分都是这个药妆店的常客。

Parashop
药妆店

地址：20，avenue l'Opéra 75008
地铁：Pyramide
电话：01 42 96 21 23
营业时间：10：00~19：00
休息日：周日、节庆日

利用蒸气浴滋润肌肤

循环蒸汽、贴满瓷砖的房间、暖石浴室……经常洗这种土耳其浴，可以达到很好的肌肤保湿效果。这家土耳其浴室以其马赛克装饰和极具东方风情的装饰品为傲，面积达700平方米，于2008年开业。这里的服务人员都是女性（当然顾客也只限女性），给人十足的安全感。洗完蒸气浴后，还可以体验一下用橄榄提取物制作的黑皂去角质，以及用植物精油做按摩。

Hammam Pacha
土耳其浴室

地址：17, rue Mayet 75006
地铁：Falguière
电话：01 43 06 55 55
营业时间：11：00~20：00（周四、周五营业到23：00）
　　　　　周六、周日和节庆日10：00~20：00
休息日：无

圣·路易岛时尚的瑜伽馆

这间瑜伽馆位于巴黎市中心的小岛，也是高级住宅区的圣·路易岛上。阳光从天窗里洒下来，让人们能够在明亮、开放的氛围里锻炼身体。课程中不仅有各种主流的瑜伽，如哈他瑜伽、Ashtanga瑜伽等，还有古典舞、普拉提、萨尔萨、卡波耶拉等各种练习项目。这里还有专门面向旅游者开设的10欧元体验课程，您不想试试看吗？

Espace Saint-Louis
圣·路易瑜伽馆

地址：51-53, rue Saint-Louis en l'Ile 75004
地铁：Pont Marie
电话：01 43 26 93 99
营业时间：17：00~20：00
咨询网址：www.espace-saint-louis.com
休息日：无

巴黎美容相关地点指南

L'Atelier de Joël Robuchon
5, rue de Montalembert 75007　☎ 01 42 22 56 56　🕐周一~周日 11：30~15：30，18：30~24：00　Ⓜ Rue du Bac
代表法国最高水平的主厨执掌的简约而现代的餐厅。

Les Bains du Marais
31-33, rue des Blancs Manteaux 75004　☎ 01 44 61 02 02　🕐周一~周日 10：00~23：00　Ⓜ Rambuteau
玛黑区超豪华土耳其浴沙龙。很多潮流人士喜欢它东方风情的桑拿。

Le Bar du Plazza Athénée
25, avenue Montaigne 75008　☎ 01 53 67 66 00　🕐周一~周日18：00~02：00　Ⓜ Alma-Marceau
香榭丽舍的五星级酒店——雅典娜广场酒店的酒吧是亚历山德拉·内尔喜欢谈工作的地方。

Bertrand
7, rue Bourldaloue 75009　☎ 01 40 16 16 29　🕐周一~周五16：00~19：00，周六13：30~19：30　Ⓜ Notre Dame de Lorette
店里汇集了很多浪漫的小东西，如将黑白照片和印花布组合在一起做成的化妆包和卡片等。

BIO Saint Germain
30, blvd. St.Germain 75005　☎ 01 44 07 34 84　🕐周一~周六9：30~20：00，周日10：00~13：00　Ⓜ Maubert Mutualité
位于拉丁区的有机品超市。除了食品，还经营护肤品甚至宠物用品等所有的有机产品。

Bizan
56, rue Sainte-Anne 75002　☎ 01 42 96 67 76　🕐周一~周六12：00~14：00，19：00~22：30　Ⓜ Quatre-Septembre
非常喜欢吃日本料理的索菲·阿尔布常去的餐厅。是难得能在巴黎吃到真正的怀石料理的地方。

The Body Shop
68, rue de Rivoli 75004　☎ 01 42 74 54 64　🕐周一~周六10：00~19：30　Ⓜ Hôtel de Ville
源自英国的采用天然原料的人气化妆品品牌。巴黎市政厅前的临街店面。

Le Bon Marché
24, rue de Sèvres 75007　☎ 01 44 39 80 00　🕐周一~周六9：30~19：00(周四10：00~21：00，周六营业至20：00)
Ⓜ Sèvres-Babylone
塞纳河左岸高级公寓的一楼化妆品卖场。顾客可以自主选择关注度较高的品牌化妆品，以Doux Me为代表。

By Terry
36, galerie Véro Dodat 75001　☎ 01 44 76 00 76　🕐周一~周六10：30~19：00　Ⓜ Louvre Rivoli
各种各样含护肤成分兼具保湿功效的粉底，可根据顾客要求定制。

Chateaubriand
129, avenue Parmentier 75011　☎ 01 43 57 45 94　🕐周二~周六12：00~14：00(周六午休)，20：00~21：30　Ⓜ Goncourt
享受明星主厨独创的现代法国料理的小餐馆。

Chéz Taeko
Marché des Enfants Rouges 38, rue de Bretagne 75003　☎ 01 48 04 34 59　🕐周二~周六9：00~19：30，周日
营业至14：00　Ⓜ Filles du Calvaire　在玛黑区工作的时尚业者中有极高人气的日本料理店。可以外带。

Cire Trudon
78, rue de Seine 75006　☎ 01 43 26 46 50　🕐周一~周六11：00~19：00　Ⓜ Odéon
法国最古老的蜡烛品牌直营店。销售种类繁多的香氛蜡烛。

咖啡馆·餐厅　　 百货店　　 美容沙龙·健身房　　 化妆品

Colette
217, rue Saint–Honoré 75001　☎ 01 55 35 33 90　Ⓗ周一～周六11：00~19：00　ⓂTuileries
这家店经营Joëlle Ciocco等品牌的纯天然化妆品、香水。

David Mallett
14, rue Notre–Dame-des-Victoires 75002　☎ 01 40 20 00 23　Ⓗ周二～周六10：00~17：00(最后接待新客户时间)　ⓂBourse
曾参与法国版ELLE等杂志和广告发型设计的美发沙龙。

L' Enoteca
25, rue Charls V, 75004　☎ 01 42 78 91 44　Ⓗ周一～周六12：00~14：30, 19：30~23：30；周日 12：30~15：00　ⓂSt-Paul
瓦伦蒂娜强烈推荐、意大利人也打包票的餐厅，在这里可以享受纯正的意大利菜和红酒。

L'Epi Dupin
11, rue Dupin 75006　☎ 01 42 22 64 56　Ⓗ周二～周五12：00~15：00，周一～周五 19：00~23：00　ⓂSèvres–Babylone
离Bon Marché商场很近的一家餐厅。用当季的食材制作的新式小吃很受欢迎，预约不断。

Les Fables de la Fontaine
131, rue Saint–Dominique 75007　☎ 01 44 18 37 55　Ⓗ周一～周日12：00~14：30, 19：15~23：00　ⓂEcole Militaire
曾在Crillon酒店当过主厨的Christian Constain掌管的专做鱼类菜品的餐厅。

French Trotters
30, rue Charonne 75001　☎ 01 47 00 84 35　Ⓗ周二~周六11：00~19：30，周一14：00~19：30　ⓂLedru Rollin
卡罗尔经营的男女时尚精品店。这里汇集了来自法国、意大利、北欧的很多设计师的作品。

Fuxia
15, rue Jean Poulmarch 75010　☎ 01 42 01 30 90　Ⓗ周一～周六11：00~22：30　ⓂRépublique
有着现代而舒适氛围的意大利餐厅。其分量十足的沙拉很受欢迎。

Garrice Chaussures
26, rue Saint Antoine 75004　☎ 01 43 70 46 70　Ⓗ周一～周六11：00~19：00　ⓂSt-Paul
经营MARC BY MARC JACOBS、repetto等潮流鞋品的精品店。

Hédonie
6, rue de Mésières 75006　☎ 01 45 44 19 16　Ⓗ周一12：00~20：00，周二~周六11：00~20：00　ⓂSaint Sulpice
主营生鲜食品和谷物等食材，同时还有基础精油和护肤品等有机产品。

Hôtel Ritz
15, place Vandôme 75001　☎ 01 43 16 30 60　Ⓗ10：00~21：00(美容沙龙服务时间)　ⓂOpéra
巴黎最具代表性的宫殿式酒店之一。在它的美体沙龙的服务项目中，卡罗尔推荐指压按摩。

Isami
4, quai d'Orléans 75004　☎ 01 40 46 06 97　Ⓗ周二~周六12：00~14：00，19：00~22：00　ⓂPont Marie
号称在这里可以吃到巴黎最好吃的寿司。索菲·阿尔布经常光顾这家位于圣·路易岛的餐厅。

Joe Malone
326, rue Saint–Honoré 75001　☎ 01 40 06 36 56　Ⓗ周一~周六9：30~19：30　ⓂTuileries
1994年诞生于伦敦的香水专卖店。其天然而奢华的香水受到各界名流的追捧。

JOY
38, rue du Rois de Sicile 75004 ☎ 01 42 78 94 88　Ⓗ周二~周日11：00~20：00，周一14：00~19：00　ⓂSt-Paul
瓦伦蒂娜经营的精品店。有Stella McCartney等当下很受欢迎的品牌。

Kinugawa
9, rue du Mont-Thabor 75001　☎ 01 42 60 65 07　Ⓗ周一~周日12：00~14：30，19：00~22：00　ⓂConcorde
巴黎的高级日式料理餐厅，提供精致、高档的地道京都料理，也是索菲·阿尔布比较中意的一家餐厅。

Lush
30, rue de Buci 75006　☎ 01 43 25 33 17　Ⓗ周一~周六11：00~20：00　ⓂMabillon
源自英国的自然派化妆品品牌。其色彩绚丽、又有甜美香气的纯天然肥皂和沐浴用品大受欢迎。

Ladurée
75, avenue de Champs Elysées 75008　☎ 01 40 75 06 75　Ⓗ周一~周五7：30~23：00，周六8：30~24：00，周日8：30~23：00ⓂGeorge (精品店)
因法式小圆饼而闻名的沙龙。在日本的银座三越开了首家日本分店。

Marc Jacobs
34, rue Montpensier 75001　☎ 01 55 35 02 60　Ⓗ周一~周六11：00~19：00　ⓂPalais-Royal
位于法国皇宫的画廊内，是MARC JACOBS在巴黎唯一的精品店。

Le Marché d' Aligre
rue d'Aligre 75012　Ⓗ无　Ⓗ周二~周五9：00~13：00，16：00~19：30，周六9：00~13：00，15：30~19：30，周日9：00~13：30　ⓂLedru Rollin
这个市场店铺林立，出售巴黎最便宜、新鲜的蔬菜和食材。除了周一，每天都营业。

Mai Thai
24, bis rue Saint Gilles 75003　☎ 01 42 72 18 77　ⓂChemin Vert
地道的泰国菜餐馆。内饰让人感觉平静，盛器也很漂亮，获得客人很高的评价。

Maria Luisa
2, rue Marie et Louise 75010　☎ 01 44 84 04 01　Ⓗ12：00~14：30，20：00~23：00 (周五、周六营业至23：30)　ⓂGoncourt
最近出现在圣马丁运河附近的意大利餐馆。种类丰富的披萨是这家店的特色。

MEMO
60, rue des Saint-Pères 75006　☎ 01 42 22 96 63　Ⓗ周一~周六10：00~19：00　ⓂSaint Germain de Prés
克拉拉经营的香水店。店内装饰以黑色为基调，很雅致，摆放着香水和蜡烛等商品。

Naturalia
84, rue Beaubourg　☎ 01 42 74 40 03　Ⓗ周一~周六10：00~19：30　ⓂRambuteau
在巴黎市内约有20家分店，是法国最大的有机食品商店。经营面包、蔬菜以及有机化妆品等。

Nocibé
16, rue de Rivoli 75004　☎ 01 42 74 68 16　Ⓗ周一~周六10：00~19：00　ⓂSaint Paul
除了有经营各品牌香水和化妆品的专柜，店里还备有脱毛和美容舱等美容项目和设施。

Le Pain Quotidien
18, rue des Archives 75004　☎ 01 44 54 03 07　Ⓗ周一~周日7：30~19：30　ⓂHôtel de Ville
这是一家很受欢迎的有机食品餐厅。以自制的烤面包为中心，菜单上的法式菜品全都使用有机食材。

Paris berlin
56, bld. Richard Lenoir 75011 ☎ 01 43 38 35 90 ㈰周一～周六10：00～18：00 Ⓜ Richard Lenoir
经营专业彩妆和护肤品的专卖店。除了自有品牌的化妆品，还经营SHISEIDO等品牌。

Paul&Joe
46, rue Etienne Marcel 75002 ☎ 01 40 28 03 34 ㈰周一～周六10：00～19：30 Ⓜ Etienne Marcel
巴黎的时尚店铺。除了男女装、童装，还有美容护肤品，店里囊括了这个品牌的所有产品。

Publicis Drugstore
133, avenue Champs-Elysées 75008 ☎ 01 47 23 86 64 ㈰周一～周五8：00～02：00，周六～周日10：00～02：00 Ⓜ Charles de Gaulle-Etoile
建在凯旋门前的现代综合商业设施。设有电影院、咖啡馆和书店，还有营业到深夜的药房。

Séphora
70-72, avenue des Champs-Elysées 75008 ☎ 01 53 93 22 50 ㈰周一～周四10：00～24：00，周五、周六营业至次日01：00 Ⓜ Georges V
著名化妆品品牌济济一堂的化妆品店。香榭丽舍店宽敞的店面和很长的营业时间最吸引人。

Le Spa de l'Hotel Costes
239, rue Saint Honoré 75001 ☎ 01 42 44 50 00 ㈰周一～周日7：30～22：00 Ⓜ Concorde
Hotel Costes有地下SPA，还有完备的游泳池、健身房等设施。索菲·阿尔布定期去那里锻炼。

Sole e Cucina
1, avenue Trudaine 75009 ☎ 01 42 81 11 34 ㈰周一～周日9：00～02：00 Ⓜ Anvers
位于蒙马特高地下面的个性意大利咖啡馆/餐馆。在这里可以品尝到地道的意大利菜。

Sing Coiffeur
38, rue Roi de Sicile 75004 ☎ 01 42 78 29 37 ㈰周二～周五11：00～20：00（周六营业至19：00）Ⓜ St-Paul
St-Paul站前地理位置优越的时尚美发沙龙。这是瓦伦蒂娜经常光顾的店。

Tsumori Chisato
20, rue Barbette 75003 ☎ 01 42 78 18 88 ㈰周一～周六11：00～19：00 Ⓜ St-Paul
深受巴黎年轻女性欢迎的日本设计师津森千里的精品店，位于玛黑区的中心。

La Victoire Suprême du Cœur
41, rue des Bourdonnais 75001 ☎ 01 40 41 93 95 ㈰周一～周六11：45～22：00 Ⓜ Châtelet
新桥附近专做素食的咖啡馆/餐馆。它的菜品有很好的排毒效果。

La Villa Minceur
63, rue de Ponthieu 75008 ☎ 01 42 25 18 08 ㈰周一～周五8：00～20：00，周六9：00～21：00 Ⓜ George V
香榭丽舍的专业减肥沙龙。除了提供饮食疗法的建议，还提供器械锻炼和按摩服务。

Zara Home
2, bld de la Madeleine 75008 ☎ 01 58 18 38 20 ㈰周一～周六10：00～19：00 Ⓜ Madeleine
2007年开业的Zara室内装饰品专营店。既有传统风格的，也有民族风、北欧风等其他风格的。

ZEN ZOO
13, rue Chabanais 75002 ☎ 01 42 96 27 28 ㈰周一～周六12：00～22：00 Ⓜ Pyramides
可以好好享用珍珠奶茶、中式午晚餐的台式沙龙。

《巴黎手作创意人》

Editions de paris 编著

叶子 译

定价：35.00 元

2008 年 1 月出版

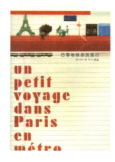

《巴黎地铁杂货旅行》

Editions de paris 编著

尹宁 译

定价：35.00 元

2010 年 1 月出版

《巴黎·家的私设计》

Editions de paris 编著

尹宁 译

定价：35.00 元

2008 年 7 月出版

《巴黎·色彩魔法空间》

Editions de paris 编著

尹宁 译

定价：35.00 元

2009 年 7 月出版

《巴黎·私囊志》

Editions de paris 编著

吕凌燕 译

定价：35.00 元

2009 年 1 月出版

《巴黎·独立生活空间》

Editions de paris 编著

定价：35.00 元

2010 年 4 月出版

《巴黎女生的房间》

Editions de paris 编著

定价：35.00 元

2010 年 7 月出版

《巴黎女生的浪漫细节》

Editions de paris 编著

定价：35.00 元

2010 年即将出版

《巴黎女生的漂亮包包》

Editions de paris 编著

定价：35.00 元

2010 年即将出版

《巴黎个性工作空间》

Editions de paris 编著

定价：35.00 元

2010 年 3 月出版

《巴黎漂亮女生的秘密 2》

Editions de paris 编著

定价：35.00 元

2011 年即将出版

《漂亮家居北欧风》

Editions de paris 编著

定价：35.00 元

2010 年即将出版

图书在版编目（CIP）数据

巴黎漂亮女生的秘密／日本 Editions de Paris 出版社
编著；陈菁译 . — 济南：山东人民出版社，2011. 10
ISBN 978-7-209-05499-7

Ⅰ. 巴… Ⅱ.①日… ②陈… Ⅲ.①女性—服饰美学—
基本知识②女性—化妆—基本知识 Ⅳ.①TS976.4②TS974.1

中国版本图书馆 CIP 数据核字（2010）第 181308 号

Photos:Tetsuya Toyoda
Coordination&Textes: Miyuki Kido,Atsuko Tanaka, Ritsuko Abe
Écríture:Mayuko
Design:Mag (Hiroyuki Aoki+Akiko Sekine)
Rédaction: Kyoko Furusawa
Rédactrice en chef: Yoshie Sakura
Editeur: Kazuhiko Takaghi

Japanese title: Parijiennu no kirei no himitsu by Editions de Paris
Copyright©2008 by Editions de Paris Inc.
Original Japanese edition
Published by Editions de Paris Inc.，Japan
Chinese Translation rights©2010 by Shandong People's Publishing House
Chinese translation rights arranged with Editions de Paris Inc.，Japan

山东省版权局著作权合同登记号 图字：15-2009-004

责任编辑　吴宏凯　赵　力
装帧设计　小　麦
项目完成　吴洪凯工作室

巴黎漂亮女生的秘密
Editions de Paris　陈菁

山东出版集团
山东人民出版社出版发行

社　　址　济南市胜利大街 39 号 邮政编码：250001
网　　址　http://www.sd-book.com.cn
发 行 部　(0531)82098027 82098028
新华书店经销
三河市华东印刷有限公司

规　　格　32 开（148mm×210mm）
印　　张　4
字　　数　40 千字
版　　次　2010 年 10 月第 1 版
　　　　　2018 年 2 月第 2 次
书　　号　ISBN 978-7-209-05499-7
定　　价　35.00 元

Merci et à bientôt !